Daniel Slowik

Exkursionsbericht zur Sedimentologie der Karbonatgesteine

Vesdre Massiv/Ostbelgien - Aachen/Westlichstes Deutschland - Kulmbecken - Brabanter Massiv

GRIN Verlag

Bibliografische Information der Deutschen Nationalbibliothek:

Die Deutsche Bibliothek verzeichnet diese Publikation in der Deutschen National-
bibliografie; detaillierte bibliografische Daten sind im Internet über http://dnb.d-
nb.de/ abrufbar.

Impressum:

Copyright © 2012 GRIN Verlag GmbH
Druck und Bindung: Books on Demand GmbH, Norderstedt Germany
ISBN: 978-3-656-29773-4

Dieses Buch bei GRIN:

http://www.grin.com/de/e-book/203482/exkursionsbericht-zur-sedimentologie-der-
karbonatgesteine

Bericht zur Exkursion der Sedimentologie der Karbonatgesteine

Stattgefunden vom Freitag dem 30. März bis zum Samstag dem 31. März, 2012

Zuständige Universität: Universität zu Köln
Durchführendes Institut: Institut für Geologie und Mineralogie der Universität
                         zu Köln

Protokollant: Daniel Slowik
Studienfach: Geowissenschaften B.Sc.
Semesterzahl: 6

- Inhaltsverzeichnis -

I. Stratigraphie und Fazies des späten Oberdevons und Karbons am Südost-Rand des Brabanter Massivs (Aachen/westlichstes Deutschland und Vesdre-Massiv/Ostbelgien)

Tag: 1 – Freitag der 30. März, 2012 –

Einführung:

Der erste Tag der Exkursion beginnt im westlichsten Deutschland auf der Westseite der Niederrheinischen Bucht, welches eine gemeinsame Verbindung mit der entsprechenden Ostseite besitzt.

Diese Verbindung wird jedoch durch einen tertiären Riftgraben mit quartärer Überdeckung gestört.

Die Niederrheinische Bucht ist hierbei eine Tiefebene, welche von Norden in das Rheinische Schiefergebirge hineinreicht und im Osten deutlich schmaler erscheint als im Westen.

Seit 30 Millionen Jahren unterliegt diese Ebene einer kontinuierlichen Absenkung während zeitgleich im Tertiär und Quartär über 1.500m an Sedimenten abgelagert wurden, welche teilweise auf einen Land- und teilweise auf einen Flachmeereintrag zurückzuführen sind.

Die gesamte Region ist in mehrere tektonische Schollen gegliedert, welche als Störungen, von mehr oder minderer Größe, fungieren und im Zuge der geologischen Geschichte die Niederrheinische Bucht auseinandergezogen haben.

Respektiv dafür steht zum Beispiel die Rur – Scholle.

Als Resultat solch starker geologischer Aktivitäten entstanden diverse Horste und Gräben, welche heutzutage wichtig für den Braunkohlebergbau sind.

Gesichtsspunkt der Exkursion ist die durchgängig karbonatisch entwickelte Kohlenkalk-Plattform, welche dem Mississippium zuzuordnen gilt; dem alten Unterkarbon.

Der Terminus Unterkarbon wird nicht mehr verwendet, da es sich dabei um eine Faziesgrenze handelt und nicht um eine Zeitgrenze.

Diese alte Grenze lässt sich in dieser Region noch beobachten, jedoch nutzt man heutzutage das Mississippium als klare Zeitgrenze und diese stellt den gültigen Terminus dar.

Das Mississippium ist dabei untergliedert in die Stufen Tournaisium, Viséum und Serpukhovium; regional und in Westeuropa wird auch der Begriff Dinantium häufiger gebraucht, welche dabei der alten Bedeutung des Unterkarbons entspricht und lediglich das Tournaisium und Viséum umfasst.

Die Kohlenkalk-Plattform entstammt einem Flachwasserbereich und erstreckt sich hin bis zu den britischen Inseln, dabei ist die flache Karbonatplattform besonders gut im belgischen Raum aufgeschlossen.

Weiter in Richtung Osten befinden sich zeitgleich entstandene Schichten vom Hangbereich und dem Tiefwasserbereich.

Der östlichste Teil der Kohlenkalk-Plattform wird regional als Aachener Karbon beschrieben und ist auch Übertage aufgeschlossen.

Überregional unter Einbezug von Belgien wird es als ''Vesdre Massiv – Aachen fold belt'' beschrieben und schließt östlich an das Brabanter Massiv (Festland) an.

Dies kann man sich als Insel auf der Kohlenkalk-Plattform vorstellen.

Als Ausgangspunkt der Exkursion zählt das Vesdre Massiv, daher sind relativ landnahe Faziesinterpretationen zu erwarten.

Bei dem ''Vesdre Massiv – Aachen fold belt'' handelt es sich dabei um ein intensiv verfaltetes Gebiet.

Die Aachener Überschiebung stellt dabei die größte und längste Überschiebung dar und sorgte dafür, dass dieses ''fold belt'' nach Norden hin auf das Vorland aufgeschoben wurde.
Die passenden Schichten des nördlichen ''Dinant-Synclinoriums'' lassen sich im Süden der ''Namur-Syncline'' wieder auffinden.
Die Schichten wurden dabei während der variszischen Orogenese verfaltet; der orogene Druck kam dabei aus Südosten und die vorherrschenden Sedimente wurden nördlich gegen den Old Red-Kontinent gepresst und durch den Druck zusammengestaucht und verfaltet.
Als der dynamische Druck nicht mehr ausreichte brach das Gestein und wurde überschoben.
Solch eine Verfaltung und Überschiebung wird umso intensiver, wenn sich das Gestein nahe einem geologischen Prellbock befindet und genau als ein solcher fungierte das Brabanter Massiv (Festlandinsel).
Auf der östlichen Seite sieht die Tektonik ganz anders aus, da dort ein solcher Prellbock fehlt.
Neben der eben erwähnten Hauptüberschiebung (Aachener Überschiebung) gibt es noch zahlreiche interne kleinere Überschiebungen, welche die Schichtenabfolgen deutlich verkomplizieren.
Da die Niederrheinische Bucht nicht einfach aufbrach, sondern ein Resultat mehrerer kleinerer Brüche mit Begrenzungen (Staffelbrüche) ist, gibt es viele tertiäre Randstörungen die sich wie ein Gitter durch die Region ziehen.
Alle Störungen zeichnen sich in Form von Gräben und Horste in der Landschaft ab.
Zusammenfassend ist der Ausgangspunkt des ersten Tages der Exkursion, in Bezug auf die Stratigraphie- und Faziesinterpretation des Karbons, der Westrand der Niederrheinischen Bucht (Aachener Karbon) und damit der Ostrand der Westeuropäischen Kohlenkalk-Plattform, welche intensiver Verfaltung unterlag und von Überschiebungen verschuppt ist; dessen Grund dafür ist das Brabanter Massiv.

Aufschluss 1/1: - Hastenrather Kalkwerke (Tournai – Visé, Inde Mulde) -

Bei R 2519430 H 5627900 (50°47′10.13″N 6°16′30.29″E, WSG84) auf TK25 5203 Stolberg, bei der Ortschaft Hastenrath. In dem aktiven Steinbruch sind Dolomite und Tonsteine des Tournai und Kalksteine des Visé aufgeschlossen.

Zunächst erst einmal etwas zur Übersicht und der Lokation:

Es lässt sich beobachten, dass je nachdem welche Flanke oder Wand man sich anschaut man einen unterschiedlichen Einfall der Gesteine beobachten kann.

Dies lässt auf eine Sattelstruktur schließen, welche hier auch als Hammerberg-Sattel zu bezeichnen ist.

Der Aufschluss bzw. der Steinbruch liegt dabei etwa zentral im Sattel und damit im Sattelkern.

An einigen Fugen etwas weiter oben im Steinbruch sieht man bereits ein abknicken der Schichten; dabei handelt es sich um eines der größeren Störungen, welche das Aachener Karbon von der Niederrheinischen Bucht absetzen.

Der Name der Störung lautet dabei ′′Sandgewand-Störung.′′

Der Hammerberg-Sattel liegt etwa am Südrand der Inde-Mulde und bildet eines der großen Strukturen, die im Aachener Karbon ein typisches Südwest – Nordost – Streichen aufweisen, welches auch variszisches Streichen genannt wird.

Zu den Gesteinen bzw. Schichten:

Die untersten und auch ältesten Schichten, welche sich hier beobachten lassen weisen eine schwarze bis graue Farbe auf.

Das Gestein zeigt zudem eine gewisse Schieferung und ähnelt formal einem Tonschiefer.

Da das Gestein jedoch dafür viel zu weich ist handelt es sich vielmehr um einen schiefrigen Tonstein, welcher teilweise, durch eine stärker eingewirkte Verwitterung an manchen Stellen, sehr bröselig ist

Der Tonstein reagiert in keinster Weise auf Salzsäure und ist damit karbonatfrei.

Gleichermaßen ist er auch völlig fossilfrei und zeigt einen lagig erscheinenden Bruch.

Schaut man sich die Schichtpakete näher an, so erkennt man zudem einige Bänke aus Tonstein, die einen etwas anderen Eindruck machen und im Gegensatz zu den eben beschriebenen Tonsteinen deutlich härter sind und einen Bruch aufweisen, welcher nicht mehr ganz so lagig ist.

Außerdem befinden sich laut Literatur Organismen drin, daher wurde dieses Gestein auch in der Vergangenheit Acuta-Schiefer genannt.

Dieser Name entstammt einer Brachiopodenform und viel mehr lässt sich an Organismen auch nicht vorfinden.

Dieses älteste Gestein vor Ort wird inzwischen nach entsprechender belgischer Lokation Pont d´Arcole Schiefer genannt.

Der Pont d´Arcole Schiefer ist dem mittleren Tournaisium zuzuordnen, einer Stufe des Mississippium und stellt chronostratigraphisch den Beginn des Karbons dar.

Das Alter dürfte sich auf etwa 359,2 – 345,3 Millionen Jahre berufen.

Das was man hier vorfindet ist weit verbreitet und im Aachener Karbon und auch im Velberter Sattel vorzufinden.

Über dem Pont d´Arcole Schiefer befinden sich massigere Gesteine.

Dabei ist der Übergang zwischen beiden sehr scharf und markant; der Gesteinswechsel ist damit ebenfalls markant und schnell.

Diese massigen Gesteine weisen eine gelbgraue Farbe auf; diese Farbe ist typisch für Dolomitstein, welcher hier auch ansteht.

Ebenfalls typisch für Dolomit ist die schwache Reaktion auf Salzsäure (besser bei pulverisiertem Material) und die Tatsache, dass das Gestein den Hammer nicht ritzt.

Der mit dem Dolomitstein verwandte Kalkstein ist zwar etwas weicher, dafür ist der Dolomit spröder und weist eine charakteristische splittrige Oberfläche auf.

Neben dem massigen Erscheinungsbild, welches für eine spätdiagenetische Dolomitisierung spricht, zeigt der Dolomit auch eine grobkörnigere Oberfläche im Vergleich zum klassischen Kalkstein.

Ein weiteres Indiz dafür ist die Löchrigkeit, die durch den Magnesiumeinbau und in Verbindung damit einem Volumenschwund verursacht wurde.

Die Bankung ist praktisch aufgelöst und es lassen sich nur im unteren Bereich noch ein bis zwei Bänke ausmachen.

Ob die Dolomitisierung aszendent (von unten, z.B. hydrothermal) oder deszendent (von oben, z.B. durch eine neue Transgression) von Statten ging lässt sich aber noch nicht sagen, dafür benötigt man einen Einblick in die weiteren oben aufliegenden Schichten.

Diese Dolomite werden auch Vesdre-Dolomite genannt und sind Teil der Vesdre Formation, welche sich über dem Pont d´Arcole Schiefer befindet.

Verbreitet findet sich die Vesdre Formation im Aachener Raum sowie Ostbelgien, jedoch fehlt sie in Ratingen und Velbert.

Die zeitliche Reichweite ist ebenfalls unterschiedlich, so hört die Vesdre Formation teilweise im Tournaisium auf; spätestens aber an der Grenze Tournaisium – Viséum.

In Hastenrath weicht zudem die Mächtigkeit der Vesdre Formation deutlich von der Standardabfolge ab, da die Mächtigkeit hier um mehrere Zehnermeter abweicht.

Der scharfe Übergang zwischen dem schiefrigen Tonstein (dunkel, fossilarm, tiefmarin) und dem ehemaligen Kalkstein bzw. heutigen Dolomitstein (heller, flachmarin) überrascht zunächst, da ein gleichmäßiger Übergang gemäß der carbonate factory zu erwarten wäre.

Dieser sprunghafte Übergang resultiert aus einer Diskordanz und damit verbunden einer Schichtlücke, welche aus einer Erosion oder einer fehlenden Sedimentation hervorgeht.

Über den Meeresspiegel lässt sich sagen, dass es zunächst eine Regression gab und darauf folgend zeitlich sehr schnell eine Transgression folgte.

Ein Beleg dafür sind die schwarzen schiefrigen Tonsteine, da diese karbonatfrei sind.

Würde der Meeresspiegel nur allmählich ansteigen, so gäbe es von vornherein Karbonat.

Bewegt man sich im Steinbruch ein Stück weiter aufwärts so gelangt man rasch an die Oberkante des Vesdre Dolomits.

Über diesen befindet sich sehr schön ausgeprägter Paläokarst der an der Tournaisium – Viséum – Grenze entstand; das Alter beläuft sich auf etwa 345 Millionen Jahre.

Nach der Ablagerung der Karbonate der Vesdre Formation folgte eine neue Regression und darauf folgend wurde die Landoberfläche verkarstet.

Dabei entstanden diverse Dolinen und Höhlen in deren Seiten teilweise Material einfiel.

Die Karstwässer wurden nachhaltig mit groben Kalkstäben ausgefüllt die mitunter recht groß wurden; solche Kalkrosetten nennt man Palisaden-Kalzite (Speleotheme).

Daraus lässt sich schließen wann die Dolomitisierung einsetzte und zwar bei einer neuen Transgression.

Es wurde also zunächst der Kalk abgelagert und die Transgression ging noch etwas weiter, anschließend folgte eine Regression und der Meeresspiegel fiel unter die Sedimentation und die Oberfläche wurde verkarstet.
Daraufhin folgte ein neues Meer und das Magnesium sackte ab und formte den Vesdre Dolomit; die Dolomitisierung war damit abgeschlossen.

Über dem Karst folgt als dünne Schicht ein glimmerhaltiger und feinkörniger Sandstein.
Dies ist der Hastenrather Sandstein oder auch Hastenrath Subformation genannt und bildet einen Teil der Terwagne Formation.
Die geographische Reichweite des Sandsteins ist nur sehr gering.
Der Sandstein hatte nur einen sehr kurzen Transportweg und entstammt damit einem küstennahen Gebiet (Brabanter Massiv).
Dennoch ist dieser Sandstein nur feinkörnig und nicht wie zu erwarten grobkörnig; der Grund dafür liegt am Brabanter Massiv selbst.
Dieses bildete eine ´´peneplain´´, dies heißt: das Brabanter Massiv war sehr flach und wurde über das gesamte Devon hinweg stark eingerumpft.
Das Brabanter Massiv selbst ist ein Überrest der kaledonischen Orogenese und entstand an der Wende Silur / Devon.

Zum Abschluss sieht man noch über dem Sandstein neue Karbonate folgen.
Dabei handelt es sich um einen sehr hellen, korngestützten und kontinuierlich umgelagerten Kalkstein (Grainstone).
Dies entspricht dem oberen Kohlenkalk.
In dem Kalkstein direkt über dem Sandstein lassen sich nur einzelne Ooide auffinden, diese nehmen jedoch exponentiell mit zunehmendem Abstand zum Sandstein zu.
Innerhalb des Kalksteins lässt sich auch Crinoidenschutt beobachten.
Die reinen Kalkabfolgen sind immer wieder durch Schichtfugen voneinander getrennt und weisen zudem ganz charakteristisch schräge Schichtungskörper auf.

Zwischenstopp: - Weißer Stein -

Bei dem Zwischenstopp Weißer Stein lassen sich sehr schöne Kalksteinabfolgen erkennen, welche eine klare und gute Bankung aufweisen und eine weiße Farbe zeigen.

Dabei handelt es sich um denselben Kalkstein wie im Steinbruch der Hastenrather Kalkwerke, jedoch kann man die Ooide hier sehr viel besser erkennen und sie sind auch deutlich häufiger zu sehen.

Auch die Schrägschichtung kommt hier wieder sehr schön zur Geltung und die Schichtfugen zwischen den reinen Kalkabfolgen sind gut zu erkennen.

Neben Crinoidenresten finden sich auch Brachiopodenschalen und subceroide tabulate Korallenreste.

Der Kalkstein ist also sehr fossilreich.

Um synsedimentär verfestigten Ooiden lassen sich auch Onkoide finden; teilweise sind auch Oolithe im Gestein zu erkennen.

Das karbonatische Gestein ist alterstechnisch dem Viséum zuzuordnen und besitzt dadurch ein Alter von 345,3 – 328,3 Millionen Jahren.

Ein großer Unterschied obliegt den Schichten unter dem Kalkstein, da es sich nicht wie im Steinbruch zuvor um den Sandstein handelt, sondern um den Paläokarst.

Wie bereits zuvor erwähnt besitzt der glimmerhaltige Sandstein nur eine geringe geographische Reichweite und fehlt daher etwas weiter vom Liefergebiet entfernt, völlig.

So gesehen sitzt der Kalkstein also auf dem Karst drauf.

Aufschluss 1/2: - Straßenaufschluss an der Schlauser Mühle -

(am südöstlichen Ortsausgang von Kornelimünster an der Straße nach Venwegen, GK 25, Bl. 5203 Stolberg (Rheinland); R 25 13 800, H 56 20 800

Zunächst erstmal etwas zur Lokation und Übersicht:

Die Schichten die hier zu sehen sind älter als die Gesteine der Hastenrather Kalkwerke.

Dort wo noch die oberen Kohlenkalke in Hastenrath aufgeschlossen sind, so finden sich hier die unteren Kohlenkalke.

Getrennt sind beide Kohlenkalke durch die Pont d'Arcole Formation, welche die älteste Schicht im Aufschluss Hastenrather Kalkwerke darstellte.

Als folgende Schichten darunter gibt es den Condroz-Sandstein aus dem oberen Devon (Famennium), welche eine Mächtigkeit von einigen 100 Metern aufweist und praktisch das ganze Famennium umfasst; intern lässt sich dieser jedoch noch in weitere Formationen gliedern.

Hier aufgeschlossen ist sowohl der Top des Condroz-Sandsteins als auch der untere Kohlenkalk, welcher direkt an das obere Famennium anschließt.

Nun zu den Gesteinen bzw. Schichten selbst:

Im unteren Abschnitt lässt sich eine Wechsellagerung aus dünnschichtigen Tonsiltsteinen mit einer dunkelgrauen bis blaugrauen Farbe und feinschichtigen Sandsteinen erkennen.

Die Tonsiltsteine beinhalten Sandlinsen und organische Spuren auf den sandigen Partien.

Die Sandsteine reagieren sehr schwach auf Salzsäure, welches auf einen sehr geringen Karbonatgehalt schließen lässt.

Vereinzelt sieht man einige Bänke, welche sich von den Sandsteinen etwas abheben und einen fast schon kalkigen Eindruck machen.

Zu den Merkmalen dieser Gesteine zählt eine gelbliche bis grünliche Farbe bzw. eine gelbgrüne horizontale Laminierung, welche teilweise von einer welligen Laminierung abgelöst wird, eine stärkere Reaktion auf Salzsäure und die Tatsache, dass diese Gesteine den Hammer ritzen können.

Damit handelt es sich um einen Kalksandstein.

Auf den Sandsteinen lassen sich zahlreiche gelbliche Spuren (Spurenfossilien) und Pflanzenreste (Pflanzenhäcksel) finden.

Bei den Pflanzenhäckseln handelt es sich um kleine plattgedrückte schwarze Stängel.

Der Condroz-Sandstein ist zudem stark Glimmer- und Feldspatführend.

Die Mächtigkeit sämtlicher Pakete liegt vereinfacht gesprochen im Dezimeterbereich und pendelt sich etwa zwischen 20 und 40 Zentimetern ein.

Sämtliche Merkmale lassen auf einen randmarinen Ablagerungsraum schließen.

Hier handelt es sich also insgesamt um die Evieux Formation, dessen übergeordnete Einheit die Condroz-Gruppe ist.

Die geographische Verbreitung beruft sich auf den Aachener Raum und Ostbelgien.

Im Folgenden kommt die Etroeungt Formation, welche als Charakteristika einen zunehmenden Karbonatgehalt aufweist.

Bewegt man sich etwas weiter am Straßenaufschluss entlang bemerkt man schnell einen Wechsel der Gesteinsabfolgen.

Über denselben Typ Sandstein wie zuvor sieht man nun sehr stumpfe Gesteine dunkelgrauer Farbe, die Kalzit-Einkristalle aufweisen und an den Bruchflächen keinerlei Glanz mehr zeigen.

Die Matrix ist sehr dicht und nur einzelne Körner sind erkennbar, gleichzeitig erkennt man eine sehr feinkörnige Struktur bei näherem hinsehen.

Dies entspricht per Definition eher einem Wackestone und es handelt sich hier um einen knolligen Kalkstein; dies spricht für eine Transgression.

Zusammenfassend kann man von einer Wechsellagerung aus Sandsteinen und Kalksteinen sprechen; dieses bildet die zuvor angesprochene Etroeungt Formation.

Ein Stück weiter am Straßenaufschluss entlang treten knollige Kalke (unten) in Erscheinung, welche sich als Wackstones mit rugosen Korallen beschreiben lassen.

Oben drüber befinden sich massive Kalke (Grainstones) mit Crinoiden Überresten.

Was man hier also im Großen und Ganzen beobachten kann ist eine wunderbare zyklische Abfolge (A, B, C, D, E), wobei E (dunkelgraue Tonsteine → Pont d´Arcole Schiefer) hier nicht vorzufinden ist und A (Siltsteine z.T. sandig) nie abgelagert wurde.

B (Siltsteine mit Karbonatknollen und einzelnen knolligen Kalksteinbänken), C (knollige Kalksteine (Wackestones)) und D (bankige Kalksteine (Grainstones)) lassen sich hier jedoch in zyklischer Abfolge vorfinden.

Diese Abfolgen sind zudem laut Literatur sehr fossilreich und zeigen Fossilien von [Stromatoporen, Ostracoden, Brachiopoden, Echinodermen und rugosen Korallen → B], [rugose Korallen, Echinodermen, Stromatoporen, Syringoporen, Ostracoden, Kalkalgen, Brachiopoden und Foraminiferen → C] und [Kalkalgen, Echinodermen, Ostracoden, Stromatoporen, Foraminiferen, rugose Koralen, Syringoporen und Trilobiten → D].
Sämtliche Schichtfolgen bilden eine flache Rampe, daher fehlt eine Barriere die die Sedimentation vom tieferen Wasser abtrennt.

Hier gab es also von B nach D immer wieder transgressive und regressive Ereignisse, dabei zeigen die Abfolgen jedoch einen deutlichen transgressiveren Trend (Kalke werden mächtiger).
Die Oszillation der Einzelzyklen kleinerer Ordnung stellt kleinräumige regionale Meeresspiegelschwankungen dar, dennoch gab es zeitlich einen globalen Meeresspiegelanstieg; die sogenannte Strunium-Transgression, welche durch das Abtauen des Gondwana Eises verursacht wurde.
Als vereinfachte Abfolge lässt sich dies folgendermaßen erklären:
Zunächst wurden mitteldevonische Kalke abgelagert (Klima: warm, tropisch), daraufhin folgten transgressive – regressive Ereignisse des Kellwassser-Events.
Das Klima verändert sich daraufhin und es wird kälter (→ Famenne-Schiefer) und im Laufe der Zeit noch kühler (→ Condroz-Sandstein).
Anschließend wird es wieder wärmer und alles taut auf (→ Unterer Kohlenkalk).

Aufschluss 1/5: - Ancienne Carrière des Forges, Dolhain -

(Aufgelassener Steinbruch [Privatbesitz] am östlichen Ortsausgang von Dolhain, km 64 der Strasse N 61 Richtung Eupen; GK 25 Bl. 34 / 5-6 Limbourg-Eupen; R 262 100, H 147 175)

Da es sich bei diesem Aufschluss um ein Privatgelände handelt erfolgt die Beschreibung und Interpretation aus der Ferne.
Trotz der gewissen Distanz lässt sich bereits aus größerer Entfernung beobachten, dass es sich um einen Kalkstein handeln muss.
Das Gebilde hebt sich deutlich von der umgebenen Geologie ab und erscheint als einzeln stehender Berg inmitten der Landschaft.
Es handelt sich hierbei um einen Mount als klassische Lokalität des „Marbe rouge à crinoides de Baelen'' oder anders gesagt die „Baelen-Subformation der Souverain-Pré-Formation.''
Der zuvor erwähnte Kalk wird auch Baelen-Kalk genannt und erscheint insgesamt sehr massig und weist eine undeutliche Bankung von einigen Metern auf, ebenso wie diverse Bänderungen.
Innerhalb des Baelen-Kalks befinden sich ältesten Buildups nach dem Kellwasser-Event im rheno-ardennischen Raum, gleichermaßen handelt es sich hier auch um den ältesten Mount Europas (mittleres Famennium).
Bei den Buildups handelt es sich um mikrobielle reef mounts, vorzugsweise aus Crinoiden, Kryptalgen und Schwämmen, welche einem recht flachen Meer entstammen.
Viele der Crinoidenreste hängen noch zusammen und wurden nicht weit transportiert; sie bilden einen ''Crinoiden-Packstone'' oder einen dicht gepackten ''Crinoiden-Wackstone.''

Die Einheiten A – F liegen vor und sind auf unterschiedliche Entstehungsprozesse zurückzuführen.

Während die Einheiten A – C noch auf Sedimentfänger (Schwämme, Algen, Crinoiden) zurückzudeuten sind (Mudstones, Packstones und Grainstones), so bildet Einheit D eine diagenetisch stark beeinflusste Schicht, welche einer starken Drucklösung unterlag und aus unreinen Crinoidenreichen Packstone-Horizonten hervorging.

Sandige bioklastische Wackstones bilden die Einheiten E – F.

Der Mount entstand durch eine Aufwölbung im Untergrund und hob die Oberfläche ausreichend genug an, damit Übergangskarbonat gebildet werden konnte, denn ursprünglich handelt es sich hierbei um eine Tiefwasserfazies.

Die Anhebung des Untergrunds führt also lokal zu einer extremen Abweichung.

In der normalen Tiefwasserfazies fehlen sämtliche Flachwasseranzeiger wie zum Beispiel Korallen und Rotalgen, außerdem ist der Kalkschlamm in dem sich die Crinoiden befinden ein weiterer Beleg dafür, dass es sich normalerweise um eine Tiefwasserfazies handelt.

Dieser Schlamm wurde nicht nur in das System transportiert, sondern zu gewissen Anteilen auch innerhalb des Systems durch Mikroorganismen gebildet.

Dabei ist der Mount kein Einzelstück innerhalb der karbonatreicheren Formation, jedoch sind durch anthropogene Einflüsse die beiden anderen Mounts dies es ursprünglich gab entweder abgetragen oder überbaut worden.

Dieser Mount ist zudem lithologisch ganz lokal im Condroz-Sandstein eingeschaltet.

Zwischengeschaltet gibt es einige wenige Tonschiefer und knollige Kalke.

Insgesamt bauen zwei Faziestypen den Mount auf; diese sind zum einen mikrobielle Kalke mit Hohlräumen (Stromatactis) und zum anderen Crinoiden-Kalke.

Die Stromatactis Gefüge bildeten sich innerhalb der spiculit-reichen karbonatischen Boundstones durch sich mikrobiell zersetzende hexactinellide Schwämme.

Zwischengeschaltet innerhalb der beiden Faziestypen finden sich Styloide die die Bänderungen ausmachen.

Diese entstanden durch Ton-Kalk-Gemische auf die diagenetisch ein hoher Druck ausgeübt wurde und auf diese Weise das Karbonat druckgelöst wurde.

Da der Druck von oben stammt wird das Karbonat nach unten gelöst; zurück bleiben die Tonminerale, da sie nicht rausgelöst werden können.

Das Karbonat wandert von den Tonmineralen weg und sammelt sich unter diesen an, daher bilden sich richtige Tonsäume.

Da es sich um ein Privatgelände handelt konnten viele Interpretationen nur aus der Ferne gemacht werden bzw. durch Faziesbeispiele bestätigt werden, welche sich in Treppenstufen etc. in der Nähe des Mounts befinden.

Aufschluss 1/4: - Vesdre-Mäander Dolhain -

(Steilhang zwischen Bahnlinie und Vesdre am Nordende des Vesdre-Mäanders von Dolhain; Zufahrt von der alten Straße nach Bilstein unmittelbar vor der Eisenbahnunterführung; GK 25 Bl. 34 / 5-6 Limbourg-Eupen; R 261 000, H 146 900)

Am Aufschluss lässt sich ein Steilhang vorfinden, welcher ein überkipptes Profil darstellt; dieses wird durch oben liegende Kolkmarken bestätigt.

Die Schichten, welche man sieht entsprechen im Liegenden der Basis der Evieux-Formation und weiter in Richtung Hang der Etroeungt-Formation, welche der Lokalität nach auch Dolhain-Formation genannt wird.

Neben den klassischen dunklen tonig-siltigen Schichten existieren an der Profilbasis auch teilweise knollige und sandige, graue bis braune Kalke, die mittelbankig ausschauen und eine unregelmäßige Bankung aufweisen.

Diese beiden Gesteine stehen in Wechsellagerung zu einander.

Die Kalksteine sind dabei äußerst fossilreich und weisen große Crinoidenstilglieder, diverse Stromatoporen und Syringoporen, sowie große tabulate Korallen auf.

Weiter in Richtung Hang folgen sehr plötzlich dickbankige bis massive Kalke von schwarzblauer Farbe, welche mit zunehmender Nähe zum überlagernden immer dünnbankiger und tonreicher werden.

Hier handelt es sich um die Hastière-Formation.

Der tonige Anteil nimmt stetig zu und die schwarze Farbe ebenfalls bis ein schwarzer Tonschiefer bzw. schiefriger Tonstein verbleibt.

Diese schwarzen schiefrigen Tonsteine entsprechen der Pont d´Arcole-Formation, welcher aus dem Mid-Tournaisian-Alaunschiefer-Event heraus entstand.

Dabei handelte es sich um eine kurze, jedoch sehr schnelle Transgression, da dieser Schiefer völlig karbonatfrei ist.

Nur der höchste Teil der Formation ist jedoch beobachtbar; dabei handelt es sich um eine Wechsellagerung aus schwarzgrauen karbonatischen Mudstones und schwarzen Tonschiefern.

Im Hangenden setzt die Landelies-Formation mit dunkelgrauen und dickbankigen Crinoidenkalken ein, dessen Mächtigkeit zwischen 7 und 10m liegt.

Hier sieht man schemenhaft bereits eine Dolomitisierung, welche mit zunehmendem Anschluss an die Vesdre-Formation immer radikaler wird.

Über der Landelies-Formation setzt die Vesdre-Formation ein und dabei handelt es sich prinzipiell auch um die exakt selbe Formation wie in Aachen bis auf den feinen Unterschied, das wir hier Kalkstein und nicht Dolomit vorliegen haben.

Die Dolomitisierung setzte also an dieser Lokation zu dieser Zeit nie ein, welches darauf schließen lässt, dass diese Schichten sich ehemals weiter weg vom Festland befunden haben (Brabanter Massiv) und sie somit niemals trocken lagen.

Es gibt also im unteren und mittleren Tournaisium eine undolomitisierte Schichtenfolge.

Die globale Transgression die den Pont d´Arcole Schiefer nach sich zog ist in beiden Regionen faziell gleich ausgebildet und belegt eine Homogenisierung des Ablagerungsraumes.

II. Höchstes Oberdevon und Mississippium im Niederbergischen Land zwischen Ratingen und Wuppertal (Velberter Sattel, Herzkamper Mulde). Der Übergang vom Kohlenkalkschelf in das Kulmbecken

Tag: 2 – Samstag der 31. März, 2012 –

Einführung:

Zunächst einmal eine Zusammenfassung und Interpretation der Schichtabfolgen der gestrigen Aufschlüsse um Dolhain, Kornelimünster und Hastière.

Beim Aufschluss 1/4 – Vesdre-Mäander Dolhain zeigt sich eine Schicht- und Formationsabfolge die mit der ''Evieux-Formation'' beginnt.

Die anschließenden Stromatoporen und tabulate Korallenreiche Schichten der ''Dolhain-Formation'' befinden sich direkt unter der ''Hastière-Formation'' (unterer Kohlenkalk), welche sich wiederum unter dem ''Pont d'Arcole Schiefer'' befindet.

Der karbonatfreie Schiefer bildet eine Grenze zwischen der ''Hastière-Formation'' und der ''Vesdre-Formation'' (oberer Kohlenkalk).

Zwischen ''Pont d'Arcole Schiefer'' und ''Vesdre-Formation'' befindet sich hier zusätzlich noch die ''Landelies-Formation.''

Aufschluss 1/2 – der Straßenaufschluss an der Schlauser Mühle (Kornelimünster) zeigt die gleiche ''Evieux-Formation'' und ''Etroeungt-Formation'' wie der Aufschluss um Dolhain, jedoch ist die Zyklizität deutlich besser ausgebildet und es befinden sich mehr sandige und siltige Partien in den Abfolgen.

Der große Unterschied liegt in der ''Hastière-Formation'', welche deutlich weniger Kalke und Fossilien aufweist, als selbige Formation im Vesdre-Mäander Dolhain.

Beim Aufschluss 1/1 in Hastenrath zeigt sich eine Abfolge beginnend vom ''Pont d'Arcole Schiefer'' über die ''Vesdre-Formation'' und über ''Speleotheme'' hin zum oberen Kohlenkalk bzw. unterer ''Terwagne-Formation.''

Zur Interpretation:

Die Evieux-Formation ist überall gleichbleibend, dies spricht für gleichbleibenden überall vorkommenden Sand, welcher zum Teil dem Old Red-Kontinent und zum Teil dem Brabanter Massiv entstammt.

Da es sich um einen sehr feinkörnigen Sand handelt spricht dies dafür, dass das Massiv entweder sehr weit weg war oder eingerumpft wurde und als ''peneplain'' vorlag.

Die These der Einrumpfung entspricht dabei dem heutigen Stand der Forschung.

Vorkommende Pflanzenreste sprechen dafür, dass das Brabanter Massiv und die umliegenden Gegenden von Pflanzen besiedelt wurden; dies deutet auf ein Flachmeer hin.

Die ersten Kalke formten sich durch eine Transgression, welche die Küste auf das Brabanter Massiv aufschob.

Dies macht einen großen Unterschied in der Kalkmächtigkeit aus, da der Aufschluss um Dolhain sich ehemals sehr viel weiter weg vom Festland befand und zusätzlich um Kornelimünster viel intensiver nicht karbonatisches Material wie zum Beispiel Tonsteine abgelagert wurden.

Daher variiert die Mächtigkeit von 6m in Hastenrath (landnäher), über 80m im westlichen Abschnitt des Aachener Karbons bis hin zu 150m im östlichen Belgien (landentfernter).

Das ganze zieht sich als enger Gürtel mit viel Ton und wenig Kalk um den Hastenrather Raum.

Für Hastière gilt, dass dort eine andere Intensität und Reichweite der Dolomitisierung vorliegt als im Dolhain, jedoch für beide gilt, dass die Ursache der Dolomitisierung stets eine neue Transgression war die mit dem neuen Meerwasser auch neues Magnesium ins System brachte und auf diese Weise eine Dolomitisierung begünstigte.

Der Pont d'Arcole Schiefer oder auch Alaunschiefer stellt eine natürliche Begrenzung zwischen dem unteren und oberen Kohlenkalk dar und bildet zugleich eine Barriere für die Dolomitisierung, da der Alaunschiefer impermeable ist und nicht durch ihn hindurch dolomitisiert werden kann.

Zu den Aufschlüssen des zweiten Tages:

Die Aufschlüsse des zweiten Tages befinden sich weiter östlich am Velberter Sattel.

De Schichten und Formationen, welche im Westen noch einer intensiven Verfaltung unterlagen sind um den Velberter Sattelschwächer verfaltet bzw. liegen sie weiter auseinander, da hier eine ganz andere Tektonik vorherrschte durch das fehlen des geologischen Prellbocks; respektive dafür gesprochen das Brabanter Massiv.

Das Ober – Tournai, welches im Aachener Karbon und Untergrund der Niederrheinischen Bucht noch hervorragend ausgebildet ist fehlt vollständig im Velberter Sattel oder ist zumindest nur äußerst geringfügig auffindbar.

Alle viséischen Karbonatabfolgen fallen im Velberter Sattel unter die Heiligenhaus-Formation; diese ist unter anderem gliederbar in die Zippenhaus-Formation, welche gleichzeitig eine Faziesvariation zwischen autochthoner Flachwasser-Fazies und kalzitturbiditischer Schelfhang-Fazies ausdrückt.

Im höchsten Visé des Velberter Sattels geht die Kohlenkalk-Sedimentation (Flachwasser) langsam über in die Kulm-Sedimentation (Tiefenwasser) über Posidonienschiefer und Alaunschiefer; und dieser Übergang ist der Gesichtspunkt des zweiten Exkursionstages.

Über den Velberter Sattel kann man also einen Fazieswechsel von Flachwasser über den Hang bis hin in ein Tiefenwasserbecken beobachten.

Dieser Tiefseegraben bildete sich durch eine Subduktion die von dem Schiefergebirgsbereich über die Mitteldeutsche Kristallinschwelle rüber zieht.

Die Tiefe des Tiefwasserbeckens lässt sich auf einige 100m schätzen; bis etwa 2.000m weiter im Osten.

Aufschluss 2/1: - Ratingen-Cromford („Am Blauen See") -
(Ehemaliger Steinbruch Cromford; die Zufahrt zum Blauen See ist in Ratingen ausgeschildert)
TK 25 Bl. 4607 Heiligenhaus (Kettwig), R2560000, H5686160

Der erste Stopp des Aufschlusses befindet sich noch ein gutes Stück vom eigentlichen Blauen See entfernt.

An der aufgeschlossenen Wand sieht man unten zunächst eine Wechsellagerung aus Sandsteinen und Tonsteinen, welche dann undeutlich in eine Wechselabfolge aus Sandsteinen und knolligen Kalken übergeht.

Bei den Kalken handelt es sich dabei um Wackestones mit sehr tonreichen Zwischenablagerungen und einem großen Fossilaufgebot.

Da es sich zugleich um einen stark crinoidenhaltigen knolligen Kalkstein handelt ist auch der Gehalt an diesen besonders hoch.

Weiterhin sieht man rugose Korallen, Ostracoden (welche recht groß sind) und auch Brachiopoden, die auf den ersten Blick wie schräge Muscheln ausschauen, jedoch handelt es sich dabei um tektonisch verschobene Schalen der Brachiopoden.

Zudem lassen sich teilweise Belastungsmarken (load casts) sehen die die dichteren knolligen Kalke, auf den sich stets dazwischen befindlichen Tonlagen, durch Auflast erzeugten.

Dabei sanken die Kalke in die Tonschichten ein.

Hier handelt es sich um eine einfache Gesteinsassoziation; beide Wechsellagerungen entsprechen im Prinzip der Evieux-Formation und Entroeungt-Formation und werden lokal und lokalnah als Velbert-Formation bezeichnet; diese bildet kurz gesagt das Pendant zur Evieux-Formation und Entroeungt-Formation.

Der Grund für diese Neubenennung liegt in der sich unterhalb befindlichen etwa 100m mächtigen Schichtfolge, welche dem Condroz-Sandstein entspricht.

Diese Schichtfolge ist jedoch nicht wie in Belgien in mehrere Formationen auflösbar bzw. unterteilbar, da der Velberter Sattel intern sehr stark geschiefert ist und vereinzelte Kalkbänke nach unten keine klare Grenzensetzung erlauben.

Aufgeschlossen liegt also der oberste Teil der Velbert-Formation vor; dies lässt sich stratigraphisch belegen.

Trotz der anderen Bezeichnung sieht man im Prinzip dieselben Abfolgen wie auch in Belgien; dies lässt den Schluss zu, dass wir uns noch immer auf dem Condroz-Schelf (Flachschelf) befinden.

Die für diesen Schelf typischen gemischt karbonatischen-siliziklastischen Schichten findet man von Südengland über das nördlichste Frankreich und Belgien, über den Velberter Sattel in den norddeutschen Untergrund bis hin nach Rügen.

Das Schelf ist dabei zwischen dem Festland im Norden und dem Tiefenwasser im Süden lokalisiert.

Weiter in Richtung des Blauen Sees wechseln die Gesteine schließlich.

Grobe dicht gepackte Crinoiden-Wackestones sind vorzufinden, welche deutlich gröber ausschauen und hier bereits sandfrei sind.

Diese Gesteine aus dem unteren Tournai bilden das Äquivalent zum Dolhain.

Der Wackestone ist auch hier sehr crinoidenreich, da große Crinoidenstängel durch Sturmereignisse eingetragen wurden.

Vermischt sind diese mit autochthonen Ostracodenschalen-Bruchstücken, daher auch die alte Bezeichnung Ostracodenkalk.

Die Wackestones wurden unterhalb der Wellenbasis abgelagert und lassen auf einen höheren Meeresspiegel schlussfolgern.

Ebenfalls vorzufinden ist ein dunkler Tonschiefer; dieser befindet sich unterhalb der Kalke und entstand durch das Hangenberg-Event.
Dabaei handelt es sich um einen globalen rapiden Abfall des Meeresspiegels (Regression) am Ende des Famenniums.
Die dunkle Farbe lässt auf niedrig oxische Bedingungen schließen die typisch für dieses Event sind.

Direkt neben dem Blauen See befindet sich eine große Schrägwand von blaugrauer bis hin zu grauer Farbe und einer monotonen Fazies.
Die Schrägschichtung ist besonders schön zu erkennen und vereinzelte sandige Partien innerhalb der Wand ebenfalls.
Diese Tatsachen sprechen grob gesagt für gleichbleibende Bedingungen innerhalb des Systems.
Die Wand streicht mit 334° und fällt mit 60° ein und zeigt keinerlei Spuren und Pflanzenhäcksel.
Bei dem Gestein handelt es sich um einen dunklen Schiefer, der eine hellere Farbe aufweist als ein Alaunschiefer.
Während wir uns bei der Velberter Formation noch deutlich flacher befanden sind wir nun in einer tieferen Fazies.
Prinzipiell handelt es sich um die Pont d´Arcole Formation; der sich darüber befindliche Dolomit und auch der Paläokarst fehlen jedoch völlig.
Wir haben also eine Schichtlücke vorliegen mit dem fehlen des oberen Tournai.
Zeitlich gesehen setzen wir also erst wieder im Visé ein.

Noch ein Stück weiter im Aufschluss und zeitlich gesehen deutlich später lässt sich letztendlich auch Dolomit vorfinden.
Die Farbe ist dabei charakteristisch fad gelb und die Struktur porös und löchrig.
Die Dolomitisierung setzte dementsprechend spätdiagenetisch ein und erfolgte von oben.
In den Hohlräumen befinden sich gröbere Kristalle und man erkennt eine gelblich sandige Verwitterung an dem Dolomitstein.

Am Ende des Aufschlusses befinden sich massiv dunkelgraue Grainstones mit deutlich erkennbaren Kristallen und einer eindeutigen Schrägschichtung.
Hier sieht man eine beginnende Dolomitisierung und gelbliche Linien, welche durch Überdeckungen hervorgerufen werden.

Weiter östlich ist noch die Kohlenkalk-Fazies aufgeschlossen mit aufgearbeiteten Crinoidenstängeln, jedoch keinen Ooiden im Gestein.
Die Schichten entsprechen autochthonem Flachwasser und zeigen auch hier eine eindeutige und schön zu erkennende Schrägschichtung.
Darüber folgt eine oligozäne Überdeckung.

Inoffizieller Aufschluss: - Klein Steinkothen; nordöstlich vom Blauen See -

Um Klein Steinkothen existiert eine Reihe an ehemaligen Steinbrüchen, welche Gesteine der Velberter Sattel – Nordflanke freilegen.

Der Aufschluss zeigt eine Schichtfolge vom obersten Famennium bis ins höchste Visèum.

Aufzufinden sind zwei unterschiedliche Typen von Gesteinen.

Unten befindet sich ein knolliger Kalk mit sandigem Anteil, dabei zeigen sich eine deutliche Versandung und eine abnehmende Knolligkeit nach oben hin.

Weiterhin nimmt auch der Tongehalt nach oben hin zu.

Die Zusammensetzung ist bei diesem Gestein daher recht verschieden und es finden sich zudem zahlreiche Foraminiferen im Gestein.

Der Kalkstein entspricht einem Wackestone und entstammt einer Lagunen-Fazies.

Oben drüber befinden sich karbonatische Grainstones, welche respektiv gesehen regressive Schichten darstellen.

Im Schichtprofil liegen die Schichten zwischen 20-21 und 22-23 im ''24 m with no observation'', daher sind die Schichten alterstechnisch dem obersten Famennium zuzuordnen und liegen an der Grenze des Devons zum Karbon.

Weiter oben befinden sich wieder Wackestones in Form von dunklen Kalken, die von graublauer Farbe sind und fast die gleichen Kalke darstellen wie sie auch am Blauen See zu finden sind.

Lediglich die Crinoiden sind deutlich kleiner als am Blauen See.

Auch hier lässt sich wieder das Synonym ''Ostracodenkalk'' verwenden, da ein höherer Anteil an Ostracodenschalen und Bruchstücken dieser aufzufinden sind.

Zusammenfassend lässt sich das Gestein auch als Crinoiden-Wackestone mit Ostracoda bezeichnen.

Hier handelt es sich um die Typuslokation ''Steinkothen-Subformation'' der großen Hastiére-Formation.

Der Eindruck der hier entsteht ist fast derselbe wie in Dolhain, jedoch sind die Gesteine hier weniger massig und eine Kleinzyklizität fehlt hier völlig, da es ab dem Tournai keine Vereisungen mehr gegeben hat.

Vereinzelt sind Tonschiefer zwischengeschaltet und es gibt weiterhin Anzeichen für ein arides Klima, welches im unteren Tournaisium herrschte.

Aufschluss 2/2: - Ehemaliger Steinbruch Zippenhaus östlich Velbert (Naturdenkmal)
(Der Aufschluß liegt westlich der Straße Neviges-Langenberg, direkt südlich der Bahnüberführung:
Fahrweg zum Haus Nr. 325).

Der ehemalige Steinbruch Zippenhaus zeigt eine wunderbare senkrecht stehende Faltenachse und eine SW – Vergenz schon aus größerer Entfernung.
Diese besondere Faltenachse sorgt für einen W-E Faltenspiegel.
Unten befinden sich crinoidenfreie Pont d´Arcole Schiefer (tieferes Wasser) und zeigen eine Sattelstruktur, da die Schieferflächen in eine Fächerstellung gehen.
Der Alaunschiefer ist deutlich dunkler als am Blauen See und recht feinkörnig.
Das Ober-Tournai fehlt hier völlig aufgrund einer Erosionsdiskordanz.
Weiter oben liegen Kalke auf (scharfer Übergang aufgrund der Erosionsdiskordanz), die eine andere Klüftung zeigen; der Grund dafür liegt in der unterschiedlichen Kompetenz bzw. Bruchfestigkeit der Gesteine.
Der Schiefer ist sehr weich und zeigt einen engstelligen Bruch, der Kalkstein dagegen ist hart und weist einen weitläufigen Bruch auf.
Diese Klüftung im Gestein wird Meyersche Klüftung genannt.

Weiter links im Aufschluss sieht man kalkige Abfolgen des unteren, mittleren und oberen Visé.
Die schwarzen Komponenten im Gestein sind aufgearbeitete Alaunschiefer und Phosphatkörner, die lediglich an der Basis in den unteren Schichten vorkommt.
Die Bänke sind teilweise bis zu 1,5m mächtig und zeigen scharfe Übergänge mit leicht welligen Schraffuren.
Die Mächtigkeit innerhalb des unteren Visé bleibt etwa konstant; selbiges gilt auch für das mittlere und obere Visé.
Jedoch ändert sich die Gesamtmächtigkeit innerhalb des Viséum.
So bildet das untere Visé die geringmächtigste und das obere Visé die mächtigste Abfolge.
Dies spricht für eine zunehmende Sedimentation im Viséum.
Es gibt nur einige sehr dünne Tonlagen zwischen den Schichten, ansonsten steht nur kalkiges Material in Form von Grainstones an.
Die Grainstones der Zippenhaus-Formation unterscheiden sich allerdings von den Grainstones der Cromford-Formation.
Jede Schicht besteht aus einer kalkigen Turbiditabfolge aus vorsortiertem mittelgroßem Material, dadurch fehlt die interne Gradierung.
Die Ablagerungen wurden kannibalisiert, sprich sie wurden abgetragen bis wieder mittleres Material abgelagert wurde.
Der Herkunftsort des Materials ist der Blaue See; also Flachwasserbereich.
Ein hoher Meeresspiegel und eine hohe Produktion auf der Karbonatplattform erzeugten diese amalgamierten Turbidite.

Weiter links im Aufschluss bzw. weiter oben im Profil steht Kieselschiefer an.
Dabei handelt es sich trotz des Namens nicht um einen Schiefer; andere Bezeichnungen lauten auch Chert, Radiolarit oder Lydit.
Das Gestein ist schwarz, ritzt den Hammer und zeigt einen splittrigen bis muscheligen Bruch und ist zudem noch recht scharfkantig.

Dies macht den Top des Visé hier aus und lässt darauf schließen, dass die CCD (Carbonate Compensation Depth) nur einige 100m tief war.

Als fossiles Material existieren Muscheln in Form der Acinoptera im Lydit.

Was man hier also beobachten kann ist ein Übergang der Kohlenkalk-Fazies (Flachwasser-Fazies) in die Kulm-Fazies (Becken-Fazies).

Ein Siliziklastika-Einlauf erstickte einst die Karbonatbildung, zeitgleich wurde das Becken tiefer und die Karbonatplattform nachhaltig zerstört.

Aufschluss 2/4: - ehemaliger Bahneinschnitt in Wuppertal-Riescheid -
(Zugang von der Straße ,,Auf dem Brehm'' via Fußweg nach Osten durch eine Kleingartensiedlung)
TK 25 Bl. 4709 Barmen, R83640, H84600

Der Aufschluss in Wuppertal-Riescheid zeigt Schichten aus dem Tiefenwasser (Becken-Fazies).

Als Besonderheit kommt hier der Cypredinenschiefer vor, welcher sehr dünnschichtig ist und eine graue bis schwach grünliche Farbe aufweist.

Der dünnblättrige Schiefer ist sandig und glimmerig und beherbergt das namensgebende Fossil, den Schalenkrebs Cypridina.

Bei dem Cypridinenschiefer handelt es sich geologisch um einen Tonschiefer und Mergelschiefer, welches wieder die Tiefenwasser-Fazies andeutet.

Die vorkommenden Gesteine sind Teil der Hangenberg Schichten aus dem Tournai.

Dabei handelt es sich um einen mittelkörnigen glimmerhaltigen Sandstein mit zwischengeschalteten Schieferschichten.

Die lamellierten dünnen Sandsteinbänke nehmen einen Teil der Hastière-Formation ein und bilden die letzten Ausläufer der Etroeungt Turbidite.

Weiter oben befinden sich dunkle noch feinkörnigere Schiefer und der Riescheid-Kalk, welcher in der Phase des tiefsten Wassers im Alaunschiefer sitzt.

Beim Riescheid-Kalk (Riescheid Subformation) handelt es sich um einen ganz fein laminierten distalen Kalkturbidit.

Alles deutet auf eine Schwelle im tiefen Wasser hin auf der Kalk gebildet wurde.

Diese Schwelle lag sehr tief und es gab einen hohen Meeresspiegel.

Weiter oben befinden sich wieder Kieselschiefer (Chert, Lydit, Radiolarit) und zwischengeschaltet gelbliche bis ockerfarbene, seifige, feinkörnige verwitterte Tuffe.

Noch weiter oben im Profil existieren Knollenkalke in Form von Mudstones.

Die Knollenbildung entstand durch eine Kalk-Ton-Mischsedimentation und darauf folgender diagenetischer Entmischung auf der Tiefseeschwelle.

Das Obertournai ist noch erhalten, da wir uns weit weg von der Plattform im tiefen Wasser befinden.

Die Knollenkalke werden auch Erdbacher Kalke genannt.

Weiter folgt wieder der Kieselschiefer und anschließend selbiger in Wechsellagerung mit dem Kieselkalk.

Diese sind deutlich heller aufgrund des Tiefenunterschieds.

Schlussendlich liegen die distalsten Kalkturbidite (Mudstones) vor aus dem Visé.